国家出版基金项目
NATIONAL PUBLICATION FOUNDATION

记住乡愁

——留给孩子们的中国民俗文化

刘魁立◎主编

第九辑　传统雅集辑

本辑主编　李春园

茶之道

朗　媛◎编著

黑龙江少年儿童出版社

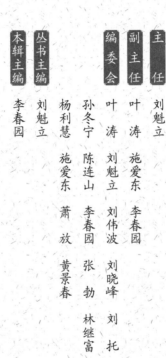

序

　　亲爱的小读者们，身为中国人，你们了解中华民族的民俗文化吗？如果有所了解的话，你们又了解多少呢？

　　或许，你们认为熟知那些过去的事情是大人们的事，我们小孩儿不容易弄懂，也没必要弄懂那些事情。

　　其实，传统民俗文化的内涵极为丰富，它既不神秘也不深奥，与每个人的关系十分密切，它随时随地围绕在我们身边，贯穿于整个人生的每一天。

　　中华民族有很多传统节日，每逢节日都有一些传统民俗文化活动，比如端午节吃粽子，听大人们讲屈原为国为民愤投汨罗江的故事；八月中秋望着圆圆的明月，遐想嫦娥奔月、吴刚伐桂的传说，等等。

　　我国是一个统一的多民族国家，有 56 个民族，每个民族都有丰富多彩的文化和风俗习惯，这些不同民族的民俗文化共同构筑了中国民俗文化。或许你们听说过藏族长篇史诗《格萨尔王传》

中格萨尔王的英雄气概、蒙古族智慧的化身——巴拉根仓的机智与诙谐、维吾尔族世界闻名的智者——阿凡提的睿智与幽默、壮族歌仙刘三姐的聪慧机敏与歌如泉涌……如果这些你们都有所了解，那就说明你们已经走进了中华民族传统民俗文化的王国。

你们也许看过京剧、木偶戏、皮影戏，看过踩高跷、耍龙灯，欣赏过威风锣鼓，这些都是我们中华民族为世界贡献的艺术珍品。你们或许也欣赏过中国古琴演奏，那是中华文化中的瑰宝。1977年9月5日美国发射的"旅行者1号"探测器上所载的向外太空传达人类声音的金光盘上面，就录制了我国古琴大师管平湖演奏的中国古琴名曲——《流水》。

北京天安门东西两侧设有太庙和社稷坛，那是旧时皇帝举行仪式祭祀祖先和祭祀谷神及土地的地方。另外，在北京城的南北东西四个方位建有天坛、地坛、日坛和月坛，这些地方曾经是皇帝率领百官祭拜天、地、日、月的神圣场所。这些仪式活动说明，我们中国人自古就认为自己是自然的组成部分，因而崇信自然、融入自然，与自然和谐相处。

如今民间仍保存的奉祀关公和妈祖的习俗，则体现了中国人崇尚仁义礼智信、进行自我道德教育的意愿，表达了祈望平安顺达和扶危救困的诉求。

小读者们，你们养过蚕宝宝吗？原产于中国的蚕，真称得上伟大的小生物。蚕宝宝的一生从芝麻粒儿大小的蚕卵算起，中间经历蚁蚕、蚕宝宝、结茧吐丝等过程，到破茧成蛾结束，总共四十余天，却能为我们贡献约一千米长的蚕丝。我国历史悠久的养蚕、丝绸织绣技术自西汉"丝绸之路"诞生那天起就成为东方文明的传播者和象征，为促进人类文明的发展做出了不可磨灭的贡献！

小读者们，你们到过烧造瓷器的窑口，见过工匠师傅们拉坯、上釉、烧窑吗？中国是瓷器的故乡，我们的陶瓷技艺同样为人类文明的发展做出了巨大贡献！中国的英文国名"China"，就是由英文"china"（瓷器）一词转义而来的。

中国的历法、二十四节气、珠算、中医知识体系，都是中华民族传统文化宝库中的珍品。

让我们深感骄傲的中国传统民俗文化博大精深、丰富多彩，课本中的内容是难以囊括的。每向这个领域多迈进一步，你们对历史的认知、对人生的感悟、对生活的热爱与奋斗就会更进一分。

作为中国人，无论你身在何处，那与生俱来的充满民族文化DNA 的血液将伴随你的一生，乡音难改，乡情难忘，乡愁恒久。这是你的根，这是你的魂，这种民族文化的传统体现在你身上，是你身份的标识，也是我们作为中国人彼此认同的依据，它作为一种凝聚的力量，把我们整个中华民族大家庭紧紧地联系在一起。

《记住乡愁——留给孩子们的中国民俗文化》丛书，为小读者们全面介绍了传统民俗文化的丰富内容：包括民间史诗传说故事、传统民间节日、民间信仰、礼仪习俗、民间游戏、中国古代建筑技艺、民间手工艺……

各辑的主编、各册的作者，都是相关领域的专家。他们以适合儿童的文笔，选配大量图片，简约精当地介绍每一个专题，希望小读者们读来兴趣盎然、收获颇丰。

在你们阅读的过程中，也许你们的长辈会向你们说起他们曾经的往事，讲讲他们的"乡愁"。那时，你们也许会觉得生活充满了意趣。希望这套丛书能使你们更加珍爱中国的传统民俗文化，让你们为生为中国人而自豪，长大后为中华民族的伟大复兴做出自己的贡献！

亲爱的小读者们，祝你们健康快乐！

二〇一七年十二月

目 录

茶之源

| 茶之源 |

神奇的树叶

茶树这一珍奇树种的故乡是中国。在今天的云南、贵州、四川等地生长的野生大茶树，树龄最高的有2700多年；人工栽培的大茶树也有800多年的树龄。

那么谁最先发现茶是可以喝的呢？

据唐代陆羽所著的《茶经》记载："茶之为饮，发乎神农氏。"

神农氏是中华民族的始祖之一。

相传神农氏，为了解除百姓疾病之苦，遍尝百草，用来制药。有一天，神农氏进山采药，翻山越岭，不辞辛劳。奔波一天，突然觉得疲惫口渴，便在一棵树下烧水喝。这时一阵清风吹过，树上几片油油绿绿的叶子飘落到即将烧开的锅里。开水慢慢变成了淡淡的黄绿色，清香四溢。神农氏尝了一口，口感微苦，回味却清爽甘甜，再多喝一些，他发现不仅解渴，疲倦也消失了，整个人变得神清气爽。

这些飘落到锅里的神奇树叶，就是茶树的叶子。于是，茶便被神农氏发现了。在后续的探究中，神农氏还发现茶有解渴生津、提神醒脑、利尿解毒等作用，最早的茶被当成灵丹妙药。

还有一种说法是神农氏在尝百草配药时，因为中毒而倒在大树下。从树叶上滴下的露水落入神农氏的口中，解了神农氏中的毒。这棵大树就是茶树。

飘落到水里的树叶，让神农氏发现了茶；砸到头上的苹果，让牛顿发现了万有引力定律。如果我们养成认真观察，勤于思考的习惯，也会发现世界上的许多奥秘吧。

| 云南困鹿山树龄千余年的古茶树 |

茶文化探源

一般认为，远古时代我们的祖先是把茶作为药来用的。经过很多代人的不断摸索和实践，茶从药用、食用发展成饮品，人们开始栽培种植茶树、制作茶叶，茶市贸易渐渐形成，茶文化逐渐发展并丰富起来。

不同历史时期的不同人群，饮茶的方式各不相同。唐代中唐以后主要的烹茶方法是煎茶法，宋代盛行点茶法，明代及以后流行泡茶法直到今天。

唐代以陆羽的煎茶法最为典型，主要包括备器、备茶、备水、煮茶、酌茶、饮茶、洁器等几部分。

备器阶段：把煎茶时用到的各种用具备齐。

备茶阶段：把茶饼放

在火上烤炙，把茶叶烤干；然后用碾子将烤好的茶饼碾碎；最后用箩筛把茶末过筛，待用。

备水阶段：选取最适宜的活水，一般用泉水最好。将水倒入鍑（fù，煮水的器皿）中，用木炭把水煮沸，陆羽将沸水分为"三沸"：一沸如鱼目，二沸如涌泉，三沸似鼓浪。陆羽认为"三沸"出现时水就不能再煮了，再煮的水就不好喝了。

煮茶阶段：一沸时加入一定量的盐和茶末，二沸时出水一瓢，然后用这瓢水止沸，三沸时第一瓢为"隽永"。

酌茶阶段：要尽量保证每碗的沫饽花（沫饽花是茶汤上浮着的一层，陆羽认为这是茶汤的精华，薄的叫沫，厚的叫饽，细轻的叫花）均匀，第一碗到第三碗"珍鲜馥烈"，第四至第五碗味道稍差一些，若有第六个人品茶，就用"隽永"补缺。

品饮阶段：品茶要趁热，如果茶凉了滋味就没了。品茶时人宜少宜静，忌人多喧闹。

煎茶法的各个环节都极讲究，茶末、火候、水温、酌茶每一步，都要恰到好处，只有这样，才能煎出好茶，才能品饮最好的茶汤。

点茶法源自晚唐，盛行于宋代，对日本的抹茶道影响非常深刻。

点茶之前，要先碾茶，即把茶叶碾成粉末。首先，把茶饼用纸包好捶碎；然后，将捶碎的茶放在茶碾中碾成粉末；最后，将粉末过筛，取筛过的茶末点茶。茶末放置时间长了，会氧化变色，影响茶汤的品质，所以一般点茶时，茶是随用随碾的，且一次碾很少。

准备好茶末，就要煎水了。宋人用水瓶之类的容器煎水，水瓶有黄金做的，也有银、铁做的，也有瓷的石头的，体积较小，有盖子，能很好地聚热保温。

水沸腾后将茶盏烫热。将准备好的茶末放入热好的茶盏中，加入沸水，将茶末调成浓膏状，这一过程被称为"调膏"。

调膏后就可以点水了。

点水时要注意落点要准，要平稳地注入沸水，然后进行"击拂"。击拂时用"茶筅"慢慢地搅动茶膏。当茶汤表面浮起乳末时，形成粥面，点茶就完成了。

宋代点茶法，为保持茶汤的真味，不再用盐。北宋皇帝宋徽宗赵佶是个特别懂茶的皇帝，更精于书画，著有《大观茶论》。对于如何点出一盏好茶汤，他有非常精辟的论述。他的画作《文会图》描绘了举行茶宴的场面，从画面前部的茶桌

| 调琴啜饮图
唐 周昉 作 |

｜文会图　宋
赵佶　作｜

上，你可以清晰地看到点
茶时所用的精美茶器：水
瓶、茶盏……

　　明代的第一个皇帝朱元
璋，在位期间对政治、经济、
文化等各个方面都进行了改
革，其中包括废除龙团凤饼，
提倡散茶，废除操作繁琐的
煎茶法和点茶法，倡导泡茶
法。从明代开始，泡茶法，
也叫撮泡法，逐渐取代了唐

代煎茶法和宋代点茶法。

　　泡茶法是将散茶放在茶
壶或盖瓯中，用沸腾的水冲
泡，再分到茶盏（瓯、杯）
中饮用。

　　茶在唐朝以至北宋，仍
是奢侈品，一般百姓无福消
受。直到明代，简化了制茶
工艺，把所谓的龙团凤饼改
成了散茶，使茶叶的价格更
加亲民；泡茶法因为没有复

杂的程序，不需要太多的准备工作，把茶变成了生活中普通的饮品，所以喝茶这件事情到了明代才真正走入寻常百姓家。至此，柴米油盐酱醋茶，成了平民百姓的开门七件事。

明代开始的泡茶法，经过清朝，一直影响着今天我们的泡茶方式。

陆路传播

茶马古道是茶文化传播的重要途径，起源于茶马互市，是我国古代内地与边疆进行茶马贸易的古商道，茶叶经由这条茶马古道传播至西藏，延伸到国外。茶叶传播的历史最早可以追溯到南北朝时，在与突厥毗邻的边境，中国商人通过以茶易物的方式，向土耳其出口茶叶。隋唐时期，随着边贸的发展，通过茶马互市，也通过丝绸之路，中国的茶叶传向西亚和阿拉伯国家，有的辗转西伯利亚向欧洲东部传播。

| 煮茶图　明
丁云鹏　作|

茶马古道

仕女图
清 倪田 作

陆羽与茶经

陆羽是一位了不起的人物，被誉为"茶学圣经"的《茶经》就是他撰写的。他不仅精于茶学和烹茶技艺，还在诗词、书法等方面有极高的造诣。

陆羽出生于唐开元二十一年（公元 733 年），身世坎坷。幼小的时候不幸被遗弃在一座小石桥下，幸运的是他被一位精于茶道的智积和尚收养。陆羽在寺院里学文识字，习诵佛经，当然也跟智积和尚学习茶道。

读万卷书，行万里路。陆羽后来离开寺院，又遇到几位影响他成长的重要人物。不论境遇如何，陆羽始终坚持读书，读书之余，游历山川，考察名山、茶园、名泉，拜访高僧名士，广泛汲取茶的知识，最终完成茶学经典著作《茶经》，把中国的茶文化发展到一个空前的高度。

《茶经》是一部茶叶百科经典，全书分为上中下三卷，共十章，包括一之源，二之具，三之造，四之器，五之煮，六之饮，七之事，八之出，九之略，十之图。系统总结了有关茶的起源、产地、培植、采摘、制作、煎煮、饮用和典故传说等。就是在这部《茶经》里第一次把有关茶的各种称谓统一为"茶"。

陆羽自创的"煎茶法"是唐代茶煎煮品饮的典范。

| 陆羽烹茶图
元　赵原　作 |

茶之技

| 茶之技 |

生长在中国的茶树品种非常多，有的树叶很宽大，有的叶子又很细小。一般来说，一种茶树可以制作成各种茶叶，但是每一种茶树都有它最适合制作的茶叶，比如说云南普洱周边的古茶树最适合制作成黑茶类的普洱茶，浙江西湖一带的茶树最适合制作成绿茶类的龙井茶。

茶叶的家族

既然中国的茶树种类繁多，那么茶叶家族一定很庞大吧？

我们一般按照茶叶的发酵程度来给茶叶分类，主要有绿茶、白茶、黄茶、青茶、红茶和黑茶六大类，而每一大类里边又有很多种各具特色的茶叶。

绿茶是由茶树的嫩芽制作的不发酵茶，因干茶、汤色、叶底均为绿色而得名，是中国历史上最早出现的茶类。绿茶汤清叶绿，含有较多的对身体有益的氨基酸和维生素 C，茶性寒凉，味道

| 绿茶 |

微苦，香气清新。具有提神醒脑、消暑解毒等功效。主要包括龙井茶、双井茶、碧螺春、竹叶青、玉露等。

白茶是轻微发酵茶，因身披如银似雪的白毫而得名，是茶类中的珍品，有"一年茶、三年药、七年宝"之

| 白茶 |

| 黄茶 |

说，经年的老白茶被誉为宝贝，有极高的保健和药用价值。白茶汤色黄绿，滋味清淡。著名的有福鼎白茶的白毫银针、白牡丹、贡眉、寿眉等。而安吉白茶等有些叫白茶的，实际上是绿茶。

黄茶是轻发酵茶，因"叶黄汤黄"而得名，香气清高，滋味甘醇鲜爽。知名的黄茶有蒙顶黄芽、君山银针、霍山黄芽、莫干黄芽等。

青茶又称乌龙茶，是半发酵茶，有"绿叶红镶边"的美誉，发酵程度不同令这类茶的汤色和香气呈现不同的特质。知名的有武夷岩茶、大红袍、铁观音、水仙、包种、凤凰单枞等。

红茶是全发酵茶，因"叶红汤红"被称为红茶，汤色红润鲜亮，香气馥郁，滋味

醇厚微甜。由于充分发酵，红茶茶性温润，比较适合冬天品饮，可以暖胃养胃。知名红茶主要有祁门红茶、滇红、正山小种、九曲红梅等。红茶是中国茶产量仅次于绿茶的品类，出口量占中国茶叶总产量的一半。

黑茶是后发酵茶，因茶色为黑褐色而得名，茶汤黄中带红，香味浓醇，藏族蒙古族的奶茶都是选用黑茶熬制的，可以促进新陈代谢、暖胃养胃、降脂减肥。黑茶知名的有普洱茶、安化黑茶、赵李桥黑茶、长盛川黑茶和六堡茶等。

茶叶制作技艺

茶叶家族如此庞大，茶树的叶子是怎么变成风格各异的茶叶的呢？一种茶树的

| 青茶 |

| 红茶 |

| 黑茶 |

叶子，往往可以制成不同的茶类，比如绿茶和红茶，甚至更多品类，但是制茶的师傅们会根据不同的茶树，选择最适宜的工艺制作最适合的茶叶。

现在我们就走近茶的制

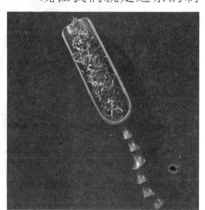

[绿茶]

[茶树的嫩芽]

作技艺，了解茶叶身后的那些事吧。

绿茶制作技艺

绿茶作为不发酵茶，是所有茶类里制作工序最少的一类，最接近于自然。绿茶只在春季采摘制作，一般只采摘嫩芽，采摘的时间也很讲究，一般在日出露水晒干以后。据说露水干了，不会影响茶叶的品质。

春季采用茶树的鲜叶，经过杀青、揉捻、干燥等工艺制成绿茶。

杀青是制作绿茶的关键。杀青就是把鲜叶用高温烘烤，去除掉鲜叶中的部分水分，使鲜叶变得柔软，便于下一道工序揉捻；同时使其散发青草气，促进茶香的形成，并保持鲜叶翠绿的色泽。杀青方式又分炒青、烘青、晒青，杀青方式不同使绿茶在色香味上表现出一定的差异，但是总体上都是汤色淡雅，绿中带黄，香气清新。

揉捻在杀青后进行，提升茶叶滋味并为茶叶塑形。

[干燥工艺]

干燥工艺进一步去掉叶片水分和青草气，进一步促进茶香的形成并固定外形。

经过以上三道工序，茶树的鲜叶就蜕变成鲜爽的绿

[困鹿山古茶园]

茶了。

炒青的绿茶有龙井茶、双井茶、碧螺春等；烘青的绿茶有黄山毛峰、太平猴魁、六安瓜片等；晒青的绿茶有云南滇绿等。

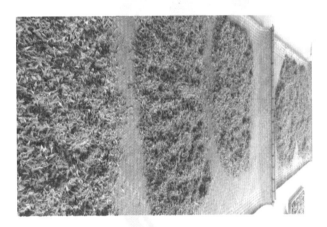

| 萎凋中的鲜叶 |

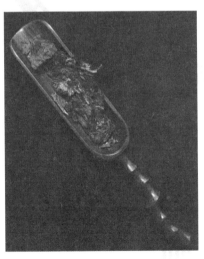

| 白茶 |

白茶制作技艺

白茶的制作工艺分为萎凋、烘焙（或阴干）、捡剔、复火等，重萎凋是它的特别之处，不经过杀青、也没有揉捻。

萎凋是将采下的茶树鲜叶按一定厚度摊放，通过晾晒，使鲜叶呈现萎蔫状态，令鲜叶的青草气消退而产生茶香。萎凋需要适宜的温度、湿度和空气流通等条件。

烘焙（有时也用阴干的方法）和复火工艺，都是为了去除鲜叶萎凋后多余的水分和苦涩味，提高茶香，促进茶味的形成。

捡剔，顾名思义就是将制作过程中不合格的茶梗等捡出来剔除，以保证茶叶的品质。

白茶是所有茶类中品种

最少的一类，人们根据茶青品级制成不同的白茶。常见的白毫银针，茶青一般只摘取茶树的嫩芽；白牡丹茶青采摘鲜嫩的一芽两叶；寿眉茶青一般比白牡丹茶青更粗壮更老一些。由于茶青鲜嫩程度不同，白茶从外形上很容易区分出白毫银针、白牡丹和寿眉，茶汤颜色也有明显不同，按照前序依次渐深。

黄茶制作技艺

黄茶的制作工艺为鲜叶经过杀青、揉捻、闷黄、干燥等，与绿茶的制作工艺相近，只是多了一道闷黄工艺，而正是黄茶制作独有的闷黄工艺，成就了黄茶"叶黄汤黄"的特色。

闷黄是黄茶制作特有的一道工序，是指将杀青或揉捻或初烘后的茶叶趁热堆

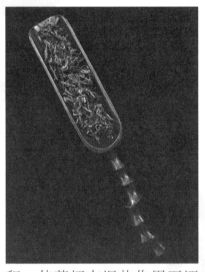

| 黄茶 |

积，使茶坯在湿热作用下逐渐黄变的工艺。

黄茶是很小众的一类茶，但是它独特的韵致还是有不少拥趸者，也有像蒙顶黄芽这样的古今名茶，知名的黄茶还有君山银针、霍山黄芽等。

青茶制作技艺

青茶也叫乌龙茶，是鲜叶经过杀青、萎凋、摇青、初揉和包揉、烘焙等工艺制作的。青茶的发酵程度介于

绿茶的不发酵和红茶的全发酵之间，茶叶发酵程度由低到高的变化，茶汤的色泽也呈现由绿到红，香气由自然到人工的变化。

摇青工艺是把经过杀青萎凋后的茶青放在一起，通过不停地摇晃，让茶青相互碰撞，叶片的边缘破碎，叶子中的茶多酚少量发生氧化，转化为茶红素，这就是青茶有"绿叶红镶边"特征的原因。摇青工艺非常重要，摇青的轻重、摇青时间的长短、次数的多寡都很关键，通过摇青茶叶会产生特别的茶香，如花香果香等。

初揉和包揉是为了茶叶成形，将茶叶制成球形或条索形，同时揉出部分茶汁。

乌龙茶是一个特别大的家族，制作工艺也最为复杂。除了摇青，发酵程度也很有讲究，根据茶青，一般是茶树成熟的鲜叶，制茶师傅选择不同的发酵程度。有些茶叶在制作时会加入焙火工艺，焙火会使茶汤色泽明亮，香气也多了不同的韵味。

乌龙茶中有很多著名品种，铁观音、文山包种、冻顶乌龙、武夷岩茶、白毫乌龙、凤凰单枞等，都是大家喜闻乐见的。这其中的每一个品种，都有特别迷人的韵致，要细细品味才能有所

[青茶]

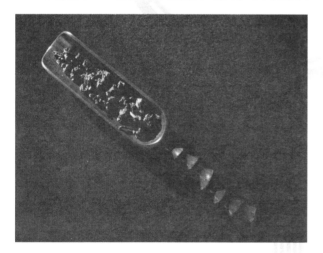

体会。

红茶制作技艺

红茶是全发酵茶，是鲜叶经过萎凋、揉捻、发酵、干燥等工艺制成的，由于茶叶完全发酵，所以红茶"叶红汤红"。红茶的茶青为茶树的嫩芽，所以品级高的红茶会有金毫。

红茶是在世界范围内接受度最高的茶类，很多西方国家人们热衷于品饮红茶，所以中国红茶的出口量很大。除中国之外，印度、斯里兰卡也是红茶产地，但是最早种植红茶的是中国，中国的红茶树种被移植到了印度的大吉岭等地。

红茶中知名的有祁门红茶、正山小种、滇红、宁红等。

黑茶制作技艺

黑茶是后发酵茶，鲜叶

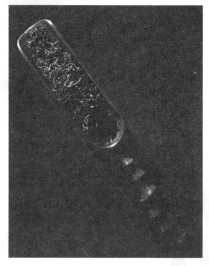

| 红茶 |

经过杀青、揉捻、渥堆（普洱生茶除外）、干燥等工艺制成。所谓后发酵就是茶叶制成后才开始慢慢发酵。渥堆发酵技艺是普洱熟茶制作

| 黑茶 |

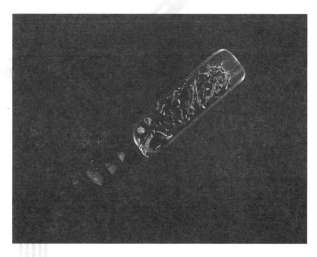

的特殊工艺，把杀青、揉捻过的叶子堆积发酵。

这里着重介绍的是黑茶中的杰出代表普洱茶，普洱茶分为生茶和熟茶。

普洱生茶一般称为"生普"，是按照传统普洱茶制作工艺制作的，没有经过渥堆发酵，而是让茶叶在存放的过程中慢慢陈化发酵。陈化的时间越长茶香越浓，茶的韵味也越迷人。

普洱熟茶一般称为"熟普"，也就是经过渥堆发酵工艺制作的普洱茶。渥堆技艺可以使茶叶快速发酵，使茶汤的口感尽量接近陈化多年的生普。但无论如何，熟普很难等同于陈年生普。

黑茶中知名的除了普洱茶，还有安化黑茶、赵李桥黑茶、长盛川黑茶、六堡

| 制茶师傅用一种茶树的鲜叶，做出了迥然各异的茶叶 |

茶等。

制茶技艺的传承

从茶树到茶叶，一片茶树的叶子要经过很奇妙的旅行。在或短暂或漫长的旅途中，这片树叶产生了惊奇的变化。我们说到的是茶叶制作工艺的不同，其实在整个制作过程中，起着决定性作用的是拥有这些制作技艺的传承人。

一款好茶，既是大自然的赐予，也是人类智慧的呈现。对于一片茶树的鲜叶，了不起的制茶师傅，会选用最适合的工艺、最精到的方法、最准确的分寸、最精湛的技艺来善待它，让这片叶子变成它该有的样貌——一款好茶，兼具特别的外形、香气、滋味、韵致！

在中国，千百年来制茶技艺一直被有序地传承着。一些制茶技艺经过严格的评审，被列入国家级或地方各级非物质文化遗产代表性项目名录并受到保护；一些身怀精湛制茶技艺的传承人，被作为国家级或地方各级非

| 茶叶制作中 |

| 普洱茶博物馆展示的茶叶制作技艺（局部）|

物质文化遗产传承人，得到政府的保护和支持。

这些制茶技艺的传承人，他们把自身的绝技拿出来与人们共享，从而使这项技艺得到有效的保护和传承。

如果将来有机会到茶园，你也可以学习一点制茶技艺，感受其中的趣味。有了切身的体验之后，当你再品茶的时候，心里一定会多了一些感恩与珍重。

李兴昌制作的普洱茶"龙团"

国家级非物质文化遗产项目普洱茶制作技艺（贡茶制作技艺）传承人李兴昌为专程考察的《记住乡愁》丛书主编刘魁立一行泡茶、说茶

茶之器

| 茶之器 |

在中国的茶文化中，茶器一直占有非常重要的地位。茶器是中国茶道呈现的载体，包括制茶和品茶的器具，种类繁多。我们在这里要说的主要指品茶时所用的茶器，通常人们称之为茶具。

品类众多的茶器，包括茶壶、茶杯、盖碗、茶罐和与之相关的各种器皿，每种茶器又有多种材质，瓷质、紫砂、玻璃、金属等，

| 盖碗 |

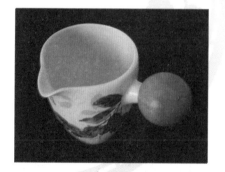

| 公道杯 |

| 茶杯 |

| 三足云肩紫砂壶 |

而不同材质的茶器又有非常多的器型、各种各样的颜色，有机会走进茶器博物馆，你会发现那真是一个艺术品王国。

茶器之美

中国的茶文化历史悠久，年代久远的茶器和大师之作，往往被人们当作古董或艺术品来收藏。茶器除了具有功能性外，同时兼具审美作用。审美体验提升了人们在茶道中的美好感受，高品质的茶器可以提高茶的香气、突出茶的味道、彰显茶的韵致。

瓷质茶器以瓷土为原料，质地细密，表面光洁。著名的有青瓷茶器、白瓷茶器、黑瓷茶器、青花茶器和釉上彩茶器等。高品质的瓷质茶器温润如玉，细细把玩，令人爱不释手，心生喜乐。青花瓷器和釉上彩瓷器在壶身或杯体绘有花卉花鸟图案，非常精美。

紫砂茶器的制作以陶土为原料，工艺精湛、色泽质朴。紫砂壶器型讲究，有

［国家级非物质文化遗产项目龙泉青瓷烧制技艺传承人张绍斌创作的青瓷茶壶］

［瓷质茶杯］

［紫砂壶 陈君超 供图］

的在壶身雕刻诗文或山水花鸟，经过艺术家之手，小小的紫砂壶成了集文学、书法、绘画、金石等为一体的艺术珍品。选用这样的紫砂茶器品茶，一定会让人充分体悟茶之美。

漆器茶器以竹木为材料，经过涂漆而成。漆器茶器质地轻、散热慢，其器型、纹饰、图案具有浓郁的民族特色，是中国传统的手工艺品，具有很高的艺术鉴赏价值和收藏价值。

玻璃茶器以玻璃制成，质地细腻、透明，常用的有茶壶、公道杯和茶杯。用玻璃茶杯泡绿茶，可以欣赏茶叶在杯中的变化、茶汤的色泽，很有观赏性，是当今人们喝绿茶常用的茶器。

茶器除了上边介绍的，

【国家级非物质文化遗产项目徽州漆器髹饰技艺传承人甘而可创作的漆器茶叶罐】

【储茶罐】

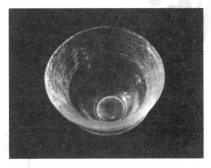

【玻璃茶杯】

还有一些金属茶器、玉质茶器、竹木茶器等。

茶具家族

有人提出："一件茶具

|国家级非物质文化遗产项目鹤庆银器锻制技艺传承人母炳林制作的银壶|

|竹质茶则|

|主茶具|

的价值，反映在它所泡出来的茶汤和它带来的精神状态，而不在于它的价格和它的新旧程度。"这种观点强调的是茶具作为泡茶品茶用具本来的实用性。所谓好的茶具，就是既有审美价值，能提升品茶感受，也能提高茶的味道、香气和韵味的茶具。所以选择购买时，不必一味追求那些价格昂贵的茶具。

茶具家族也是一个庞大的族群。按照作用来分，既包括泡茶品茶用的主茶器，也包括置茶器、煮水器，还包括品茶时的辅助茶具。

主茶具就是泡茶品茶的主要用具，包括茶壶、盖碗、公道杯、品茗杯、闻香杯、杯托、茶盘等。

茶壶是用来泡茶的。茶壶"宜小不宜大，宜浅不宜深"，因为小而浅的茶壶，能留住茶香、酝酿茶味。

茶壶最讲究"三山齐"，这是评价一只茶壶好坏的重要标准。把壶盖去掉后放平，观察壶嘴儿、壶口和壶把平整贴合，三处中心点在一条直线上，就是"三山齐"了。茶壶的出水断水也很重要，如果一只茶壶具备优美的器型设计、精湛的制作技艺、优良的使用功能，那一定是一把好壶。

盖碗也是用来泡茶的，又称为"三才碗""三才杯"，顾名思义就是一种有盖子的碗，另加上碗托。盖为天、托为地、碗为人，寓意天地人和谐之意。

公道杯是一种分茶器，用于盛茶汤，并使茶汤浓度均衡，均匀地分给每位品茶者，所以称为公道杯。

品茗杯是喝茶、欣赏茶

|品茗杯|

|闻香杯|

汤、品闻茶香的杯子。人们一般喝茶时，先欣赏茶的汤色，然后品尝茶的味道，最后品闻杯底茶的香气。

闻香杯比品茗杯高一些、细一些，专门用来闻茶香的。

杯托是用来放茶杯的，以此托住茶杯。杯托有各种质地，用古老的瓷器作杯托，别有韵味。

茶盘是用来放置茶壶、茶杯、公道杯等茶器的。茶盘有瓷质、竹质，也有其他质地的。

置茶器就是放置茶叶的茶器，有茶罐、茶仓、茶则等。茶罐用来储存茶叶，茶仓是短时间放置少量茶叶用的，茶则是泡茶时取茶叶、测量茶叶、欣赏茶叶用的茶器。

煮水器是用来烧水的用具，有电热水壶、电陶炉及

|杯托|

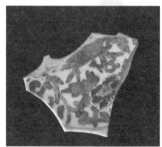

各种材质的水壶。

　　辅助茶具包罗万象，有茶荷、茶则、茶巾、茶滤和茶滤架、茶筒、茶针、茶导、茶漏、茶夹、茶宠、盖置、水方、渣方等。

茶具的选择

　　喝茶是一种生活方式，也是一场修行。茶具的选择对于泡出一杯好茶、体悟茶之真味意义非凡。

　　一套上好的茶具，会让人们对茶产生虔敬之心，我们用讲究的茶器品茶是对客人及对茶的尊重。但是正如前边提到的，茶具并非越贵越好，有的古董茶具并不能泡出好茶。我们对茶具不应抱有成见，每一件茶具都有它的特别之处。选择茶具时，应该跟随我们的内心，能给

[茶猫]

[茶罐]

[茶罐]

[茶滤]

[茶则]

日常品茶，可以配置一套自己喜欢的茶具，不必样样齐全，够用就好。

紫砂壶被称为茶壶之王，能充分释放茶的滋味。用紫砂壶泡茶，冬天不易变冷、夏天不会烫手、泡茶不会走味。

我们带来美感的、又能泡出好茶的茶具就是好茶具。

│紫砂壶　陈君超　供图│

［茶筒］

联合国人类
非物质文化遗
产项目龙泉青
瓷烧制技艺的
作品——青瓷
茶杯

品茗杯宜小巧，质地、造型、色彩与所品的茶、泡茶器要相配。

杯托要与品茗杯相配，相互衬托。

公道杯可以是茶杯同质地的，也可以用玻璃的。玻璃质地的公道杯可以尽情欣赏茶汤色泽之美。

│茶具图│

茶则、茶滤、茶巾在一场茶会中不可或缺，选用自己喜欢的材质、款式、颜色就好。

中国茶道的核心是人和茶的交流，茶器是媒介和载体。再好的茶具，没有懂茶之人来使用，也难发挥它的作用。当我们使用讲究的茶具时，应该用心体会它的精妙，以宁静的心态专注于泡茶、品茶，享受与茶相伴的时间和空间，感受茶中有我，我中有茶的境界，和朋友分享内心的感悟和智慧。

茶之境

| 茶之境 |

中国茶道特别注重品茶的环境。

唐代诗人灵一的"野泉烟火白云间，坐饮香茶爱此山。岩下维舟不忍去，清溪流水暮潺潺。"唐代顾况的《茶赋》，"杏树桃花之深洞，竹林草堂之古寺。"从这些诗中可以看出，野泉、山下、清溪、竹林、草堂、树下、花前都是品茶的佳境。

古代爱茶之人崇尚自然，他们认为在真正的山水间取泉水煮香茗，方得茶之真意；有的着意在师法自然的中国园林里举行茶聚，追求人与自然的亲近与和谐；有的喜好设计茶室，在清雅的空间里融入书法绘画插花熏香等与茶事相关的文化艺术；有的在家中一个角落，安放一张素洁的茶桌，几件合宜的茶器。茶之境的营造，有助于人们融入茶的世界，体悟茶中之道。

茶之清境

品茶、举办茶会，需要简单、纯净、素雅的环境。很难想象在一个杂乱无章的、嘈杂的环境里，人能够静下心来，能品出一杯好茶的真味来。非常奇妙的是，一片山水园林或一间茶室或者一处茶空间，一走进去就会让人变得沉静下来，感到轻松愉悦。

　　古代圣人、先哲大多过着简朴、隐逸的生活。他们或游历在山水之间，比如茶圣陆羽。在大自然里，随时随地都可以找到一处清静的所在，寻一处山泉，在一片清幽当中煮水烹茶。可以想见，这是真正的清境。在这样的环境里，在天地之间，人与茶融为一体，人与自然融为一体，人与天地和谐共生。在这样的清境之中，人更容易在茶道中体悟人生，获得心灵的宁静与圆满。在流传下来的古代名画里，可以找到非常多的在山水之间、在山野茅舍抚琴品茗的画面。

　　中国人也喜欢在师法自然的中国园林里喝茶，这是另一种清境。园林里有山有水，有亭台楼阁，有花草树木，有鸟语花香。在这样的环境里品茶论道，吟诗作画，抚琴熏香，是中国文人的清

| 品茶图　明
陈洪绶　作 |

雅之事和精神追求。

茶室虽小，也是一处清境，人们在这里也能感受到那份安宁。茶室素洁、古雅，没有多余的家具摆设，没有刻意的雕琢和奢华，只有与品茶和清雅相关的一些用具和饰物，比如传统家具、一套茶具、一张古琴、一幅字画、一瓶插花……这些彰显了主人的修养与品位。

居室里一个安静的角落，也可以成为清静的茶空间。

其实喝茶就是一种生活方式，在日常生活中，只要身处清境之中，与茶倾心交流，就能够让疲惫的身体得到休憩，让纷乱的思绪平静下来，让烦躁的内心变得安宁。只要用心就会发现，一旦进入如此清静的环境之

中，我们的内心就会情不自禁地沉静下来，感到如释重负，整个人的身心都会得到放松。在这样一个充满竞争、充满压力的世界，有这样一处清境是多么重要啊，这就是茶之境的魅力吧。

席之静美

茶席是一个小小的舞台，是泡茶品茶最重要的空间。所谓茶席是指在有一定主题的、以泡茶品茶等必需品构成的茶事空间，是以人为本，借助茶器，让人和茶、

茶之清境

人和人在清新素雅的茶境中，静谧相处和谐融洽的清雅空间。

| 茶席插花 |

| 茶席 |

茶席的主题是茶席的灵魂。茶席主题可以是传统节令比如立春、谷雨，可以是为分享一款好茶、可以是为一场花事，可以是任何清雅之事。

围绕特定主题，要选用合适的茶叶，选择适合这款茶叶的茶器，茶器的质地、款式、色彩，都应在考量之列，泡茶器使用紫砂壶还是用盖碗，品茗杯的搭配、甚至茶巾的选择、主人的服饰，也都应在考虑的范围。

除此之外，也要准备茶席的插花，花材的选择和插法应该围绕茶席的主题。冬季一枝高洁的梅花、春季一枝含苞待放的海棠、夏季一枝清荷、秋天一枝枫叶……都可以作为茶席插花，花器宜小巧古雅。

[茶席插花]

[茶席]

一炉恬淡清雅的沉香，
或者一支品质高洁的线香也
可以加入茶席。茶席间主人
或客人可以抚琴或选择清微
淡远的琴曲作为背景音乐。

　　并非所有茶席都要如此
布置，很多时候为了突出主
题，茶席力求极简。茶席所
有的构成要素，都是为烘托
主题服务的，如果并非必需，
无疑是画蛇添足了。

　　茶席可以在一间茶室布

| 茶空间 |

| 古琴与插花 |

| 用盛夏的芭蕉叶铺陈出素洁的茶席 |

置，也可在家中的一个安静的角落，也可以在室外花园里、在山水间。

最接地气的茶席，就是平时我们在家里，茶几上铺上素雅的台布，摆放上适合的茶具，点缀一瓶插花，这样的茶席也很美，一样会给我们带来美妙的体验。在如此美好的茶席间泡茶品茶，身心都会愉悦丰富起来。

茶境营造

不论是在户外还是在室内，用心营造一处清静的品茶环境，是充满乐趣的事。

在山水之间，大自然已经为我们营造了最合宜的品茶环境：高山、流水、松林、竹海、鸟语、花香……置身其中，多么美好。古代先人非常崇尚在大自然中品茶论道，在这样的环境中，只要带上好茶、必需的茶器和品茶的心情就好。

现在户外品茶通常在花园里进行。传统的中式园林师法自然，只要选一处石桌椅，按照选定的主题设计好茶席，便是一个极好的茶境。没有石桌椅的，可以用户外桌子，铺上素朴的桌布，配上风格一致的茶巾，摆放上精心挑选的茶器、一瓶插花、一炉熏香，也可以配上一个琴桌一张古琴，花园幽静清雅，茶席素洁古雅，如此茶境，会让人更容易体悟茶道的本真意趣。

室内喝茶的空间不论是一个房间还是房间的一角，都应简约、素雅，适合人们安静下来静心品茶。

｜茶席｜

｜茶花香相得益彰｜

茶室或者茶空间一定要洁净，一尘不染。在我们清扫环境的时候，也是在清净我们的身心。茶器一定要泡煮消毒和清洗，洁净既是对客人和自我的尊重，也是对茶的尊重。

与茶境的营造相比，人内心的准备——泡茶的心境更为重要。毕竟人是整个茶事活动的主体，布置环境、清洁茶室、茶具、煮水泡茶，都是人在主导。当我们步入茶室，要泡出一杯好茶，品味一杯香茗的美好时，我们的内心一定要沉静下来。同样的茶、水、茶具和泡法，在心绪不宁时泡出的茶，和专心专注于当下茶事泡出的茶是不同的。品茶时的心境同样重要。用心感受一杯茶的美好，用心与茶交流，会让浮躁的心沉静下来。

茶之汤

| 茶之汤 |

温润泡

在经历了唐代煎茶法、宋代点茶法后，泡茶法成为明代以后饮茶的主流方法，并影响着今天的泡茶方式。当下我们泡茶通常采用温润泡法。

温润泡一般有以下几个步骤：

洁具：先用开水冲淋茶器，然后擦拭干净。这样做既清洁了茶器，又能温润茶器，尤其是茶壶（或盖碗），提高茶汤的品质。

置茶：根据品茶人数、茶壶大小和个人口味，用茶则取适量的茶叶，放入茶荷，可以先欣赏茶叶的姿态和色泽，然后放入茶壶。

冲泡：向茶壶注水，第一泡冲出的茶汤，一般并不饮用，主要为了清洗茶叶和温润茶壶。从第二泡起，每次注水七八分满，等待合适的时间，将茶汤注入公道杯。

敬茶：将公道杯中的茶汤，均匀地分到每一只茶杯里，然后用茶托托起茶杯，双手敬献给客人。

品茶：品茶时先欣赏汤色，然后品尝滋味、体会韵味。浅浅地喝一口茶，让茶汤在口腔里流动，与味蕾充分地接触，这样就可以品味出茶汤的滋味，或清香，或高香，或甘鲜，或浓醇，或馥烈……不同茶的滋味各具特色，只有用心品尝才能感受到。在品味茶汤的同时，细心体会茶之韵味，或醇厚，或悠长，或音韵（铁观音），或岩韵（大红袍），或参韵（老茶）……

续水：在品完第一泡茶后，向壶中续水，依照之前的程序，注入公道杯、敬茶、品茶，如此往复。一般的茶叶，在续水三次以后就不宜再喝了，因为这时的茶汤已经变得淡而无味。但是也有很多耐泡的茶或者老茶，即使冲泡很多次，依然茶香茶韵十足。

择好水

品茶品的是茶汤，所以选择泡茶用水至关重要。明代张源的《茶录》记载："茶者水之神，水者茶之体。"

陆羽在《茶经》中对泡茶用水有清晰的描述："其水，用山水上，江水中，井

|茶汤|

水下。"陆羽所说的"山水上"就是指山泉水为上。但是陆羽的择水标准，并不完全适用于环境污染日益严重的今天。面对今天江水不再清澈的窘境，不知道陆老夫子作何感想？

宋徽宗赵佶在《大观茶论》道出："水以清轻甘洁为美。轻甘乃水之自然，独为难得。"

由于环境污染问题，今天我们泡茶时，可以选择的好水并不是很多。一般多选用水质甘甜的桶装矿泉水或者纯净水。矿泉水一般是经过很多砂岩层渗透出来的，相当于一层层过滤，过滤掉了杂质，水质清澈甘甜，用这样的水泡茶，茶汤色泽明亮，能充分彰显茶叶的色香味韵。

泡好茶

有了上好的茶和古雅的茶器，找到了好水，铺陈出了一个有意境的茶席，那么怎样才能泡出一壶好茶呢？

要泡出一壶好茶，一定要选取好水，并充分了解所泡之茶的茶性，同时在泡茶时要专注于当下茶事，用心把握投茶量、注水量、水温和出汤的时间，只有做得恰到好处，才能泡出四溢的茶香。

首先要很好地把握水温。水温高，茶汤的苦涩味会比较重，水温低苦涩味会减弱。将泡茶用水煮沸后，可以根据茶叶的品类、茶叶的大小、老嫩、松紧，控制好水的温度。一般而言，由于黑茶和青茶的茶叶比较肥

|最爱这一盏
香茗|

|茶汤|

硕粗大，宜用100℃的开水
直接冲泡；而对于冲泡芽叶
柔嫩的高品质的绿茶，则
80℃的开水冲泡最佳；对于

冲泡一般的黄茶、红茶、白
茶则水温应略高一些。

其次要把握好茶和水的
用量。通常茶多水少则味浓，

茶少水多则味淡。泡茶时茶的用量要根据茶叶的种类、品饮者的习惯和茶具的大小来确定。

如果冲泡一般的红茶、绿茶，茶与水的比例在1：50左右，通常一只200毫升的茶杯或者茶壶，投入3克左右的茶叶，注入150毫升左右的水比较合适。

如果冲泡普洱茶、乌龙茶等比较紧实的茶，同样的茶器和水量，投茶量应比冲泡红茶、绿茶的投茶量多出一倍，即150克左右的水，要投入6克左右的茶。

品饮者的习惯因人而异。有的人喜欢喝浓茶，泡茶时投茶量可以多一些，这样就可以泡出一杯香浓的茶汤；有的人喜欢喝淡茶，投茶量可以少一些，就能泡出

一杯淡雅的茶汤。

茶具的大小也影响着投茶量和注水量。一般200毫升的茶壶或者茶杯，水注到七八分满即可，投茶量根据个人喜好酌量就好。

最后要把握好泡茶的时间。泡茶时间的长短影响着茶汤的品质。泡茶时间长了，茶汤会太浓，时间短了，茶汤会比较淡。要想泡出一杯浓淡相宜的茶汤，要用心把

|出汤 陈君超 供图|

握泡茶的时间。在茶聚时，因为要招呼客人，这一点会比较难掌握。

　　泡茶时间的长短，跟茶叶的种类、投茶量和水温都有关系，同时还要照顾到个人口味。

　　"大道至简。"所谓好茶，最简单的一个标准就是：适合自己的茶，自己喜欢的茶，就是好茶。

茶之情

｜茶之情｜

茶之俗

中国茶文化历史悠久，自古以来就有以茶待客、以茶会友的习俗。

俗话说"百里不同风，千里不同俗"。中国地域辽阔，有 56 个民族，不同地域、不同民族有着多姿多彩的茶俗。

北京过去流行喝大碗茶，在前门的老舍茶馆你依然可以感受到老北京喝大碗茶的风俗。广东人酷爱吃早茶，每逢周末或者节假日，广东人喜欢约上朋友，或者带上家人去茶楼喝早茶，平日里也有很多人习惯于去茶楼喝早茶吃早点。四川人有泡茶馆的习俗，在省会城市成都，到处可见茶馆、茶铺、茶坊，成都人喝茶讲究舒适，在茶馆里经常可见卖报纸的、卖瓜子的、卖豆腐脑的、掏耳朵的、擦皮鞋的……服务项目花样繁多。

藏族喜欢喝酥油茶。一般在用砖茶熬制的茶汤中，加入酥油等原料，精心加工而成。客人来访，主人会奉上特色美食糌粑，并为客人斟上香浓的酥油茶。

蒙古族喜欢喝奶茶。蒙古族的奶茶多选用砖茶，用铁锅熬煮，加入牛奶、盐巴，所以味道是咸的。手捧一杯滚热的奶茶，慢慢啜饮，是蒙古族人特别享受的时光。

白族有三道茶的饮茶习俗。白族在喜庆迎宾的日子，比如过节、做寿、婚嫁、来客，都会向宾客敬上"一苦二甜三回味"的三道茶。三道茶寓意人生"一苦，二甜，三回味"的哲理。

土家族有喝擂茶的习俗。擂茶又称三生汤，由大米、芝麻、大豆、花生、玉米等辅以茶叶、生姜为原料，

| 酥油茶 |

| 奶茶 |

在特制的擂钵中擂制而成，是热情好客的土家族人款待客人和馈赠亲友的佳品。

维吾尔族有喝香茶喝奶茶的习俗，傣族、拉祜族有喝竹筒香茶的习俗、侗族有打油茶的习俗……

茶之诗词

中国是茶的故乡，也是诗歌的王国，有非常多优美的茶诗流传于世，涉及茶事的方方面面。

有据可考的最早的茶诗出现于唐代。唐代诗人皎然在《饮茶歌诮崔石使君》中最先提出"茶道"一词，并尝试从茶叶、饮茶和品茶三个方面，诠释"茶道"内涵。这首诗赞美当时的一款名茶，描绘了茶的形状、色泽、煮茶的情景，还细致地描摹

了饮茶时的切身感受和体悟到的不同境界。

《饮茶歌诮崔石使君》

[唐] 皎然

越人遗我剡溪茗,
采得金芽爨金鼎。
素瓷雪色缥沫香,
何似诸仙琼蕊浆。
一饮涤昏寐,
情来朗爽满天地。
再饮清我神,
忽如飞雨洒轻尘。
三饮便得道,
何须苦心破烦恼。
此物清高世莫知,
世人饮酒多自欺。
愁看毕卓瓮间夜,
笑向陶潜篱下时。
崔侯啜之意不已,
狂歌一曲惊人耳。
孰知茶道全尔真,
唯有丹丘得如此。

唐代的另一位诗人元稹的宝塔诗《一字至七字茶诗》,把茶叶的形态、色泽、茶汤及茶器和烹茶品茶的景致描绘得细腻而美好。

《一字至七字诗·茶》

[唐] 元稹

茶。
香叶,
嫩芽。
慕诗客,
爱僧家。
碾雕白玉,
罗织红纱。
铫煎黄蕊色,
碗转曲尘花。
夜后邀陪明月,
晨前独对朝霞。
洗尽古今人不倦,
将知醉后岂堪夸。

唐代大诗人李白、白居易、杜牧等很多诗人也都写过茶诗。

宋代茶诗的内容更加丰富,包括茶叶、泉水、煮茶、茶会、茶事等。宋代的大文豪苏轼,一生爱茶,写有非常多的有关茶的诗词,"休对故人思故国,且将新火试新茶。诗酒趁年华。"就出自苏东坡之手。

望江南·超然台作

[宋] 苏轼

春未老,

风细柳斜斜。

试上超然台上望,

半壕春水一城花。

烟雨暗千家。

寒食后,

酒醒却咨嗟。

休对故人思故国,

且将新火试新茶。

诗酒趁年华。

相传苏轼初到杭州任职时,有一天,他到了一座寺庙。寺中住持不知底细,一边叫"坐",一边吩咐小和尚"茶"。小和尚端出一碗普通的茶来。寒暄之后,住持感到来者谈吐不凡,便客气地说"请坐",并交代小和尚"敬茶",小和尚重新端上一杯较好的茶。深谈之后,住持才知道来者竟然是大名鼎鼎的苏轼,立即起身恭敬地说"请上坐",赶紧吩咐小和尚"敬香茶"。小和尚终于奉上一杯好茶来。临别时,住持请苏轼题诗。苏轼淡然一笑,挥笔写道:"坐请坐请上坐,茶敬茶敬香茶"。看到这副妙联,这位主持羞愧难当。

宋代的黄庭坚以"山谷家乡双井茶,一啜犹须三日夸。暖水春晖润畦雨,新条旧河竟抽芽。"赞美自己家乡的名茶——双井茶,并将茶赠与苏东坡、欧阳修等师友,师友们也常和诗赞赏。

《双井茶送子瞻》

[宋]黄庭坚

人间风日不到处,

天上玉堂森宝书。

想见东坡旧居士,

挥毫百斛泻明珠。

我家江南摘云腴,

落硙霏霏雪不如。

为公唤起黄州梦,

独载扁舟向五湖。

黄庭坚是苏轼的学生,是著名的"苏门四学士"之一,子瞻是苏东坡字。黄庭坚把珍贵的双井茶送给老师苏东坡,表达他对恩师的思念和崇敬之情。

苏东坡品尝双井茶后,赞不绝口,回赠黄庭坚一诗首。

《鲁直以诗馈双井茶次韵为谢》

[宋]苏轼

江夏无双种奇茗,

汝阴六一夸新书。

磨成不敢付僮仆,

自看汤雪生玑珠。

列仙之儒癯不腴,

只有病渴同相如。

明年我欲东南去,

画舫何妨宿太湖。

鲁直是黄庭坚的字。这首诗表达了老师对学生的赞扬和谢意,同时称赞双井茶为"奇茗",苏东坡亲自动手磨茶末煮茶,不舍得让僮仆去做。苏东坡对学生黄庭坚赠送的茶礼如此珍爱,师生情谊可见一斑。

明清时期的茶诗没有唐宋时期多,但是文人墨客对

｜苏轼品茶图
当代 刘旦宅
作｜

茶汤。窗明麝月开宫镜，宝霭檀云品御香。"贾宝玉《冬夜即景》诗有："女儿翠袖诗怀冷，公子金貂酒力轻。却喜侍儿知试茗，扫将新雪及时烹。"

于茶的赞美一点都不少。四大名著之一的清代曹雪芹的《红楼梦》里有不少茶诗茶联。如"烹茶水渐沸，煮酒叶难烧。""宝鼎茶因烟尚绿，幽窗棋罢指犹凉。"贾宝玉《夏夜即事》诗有："倦绣佳人幽梦长，金笼鹦鹉唤

茶之道

| 茶之道 |

吃茶去

河北省赵县，古称赵州，有一座柏林禅寺。在唐代被称为观音院，唐代高僧从谂和尚在此修行，人称"赵州禅师"。一天有两位僧人从远方来到赵州拜访赵州禅师。禅师问其中一位僧人："你以前来过这里吗？"那位僧人回答："没有来过。"禅师便说："吃茶去。"接着他问另一位僧人："你以前来过吗？"这位僧人回答："曾经来过。"禅师还是说："吃茶去。"在一旁的观音院院主对此非常不解，便问禅师："没来过的人你让他吃茶去，来过的你也让他去吃茶，这是什么道理呀？"禅师听罢微微一笑，突然喊了一声："院主！"院主答应了一声。禅师悠然地说："吃茶去。"

不管是对新到的，或是曾到的，甚至是已到的人，赵州禅师都奉上一杯茶，让他们"吃茶去"。这颇具深意的"吃茶去"，道出了赵州禅师待人接物的一片禅

| 茶禅一味
当代　陈君超
作 |

心。赵州禅师的"吃茶去"蕴含着人生智慧，清淡而幽远。它将深奥的道理，裹藏在喝茶这种日常生活的形式里，呈现了禅宗思想传播的魅力，它被人们美誉为"赵州茶"。

人们对"吃茶去"的理解有所不同。不论是喝茶，还是茶道，或是更深奥的道理，都要自己亲自去体验，需要全身心投入，才能体悟到其中的含义。就像一杯茶，只有自己去吃，才能品尝茶的滋味一样，得到其中的意趣。

中国茶道

受道家"道可道，非常道。名可名，非常名"思想的影响，"茶道"一词从唐代首次提出，历经一千多年，多个时代，都没有一个准确的定义。

著名茶学家吴觉农先生认为，茶道是："把茶视为珍贵、高尚的饮料，饮茶是一种精神上的享受，是一种艺术，或是一种修身养性的手段。"

著名散文家周作人先生对茶道的理解为："茶道的意思，用平凡的话来说，可以称作为忙里偷闲，苦中作乐，在不完全现实中享受一点美与和谐，在刹那间体会永久。"

茶道就是遵从一定的礼仪，通过茶事，包括赏茶、泡茶、品茶等系列活动，领受茶之美，体悟人与自然、人与人、人与自我和谐共生的意趣和真义，其中"和"是茶道的核心。

中国的传统文化中"和合"文化影响深远，和谐共生，和而不同被我们应用到社会生活的各个层面。

在我们的文化里，和是适度，和是合宜，和是恰当，和是一切恰到好处，无过亦无不及。在茶道中，对于和的诠释，表现得淋漓尽致。在泡茶时，表现为"酸甜苦涩调太和，掌握迟速量适中"的中庸之美；在待客时表现为"奉茶为礼尊长者，备茶浓意表浓情"的明礼之伦；在饮茶过程中表现为"饮罢佳茗方知深，赞叹此乃草中英"的谦和之礼；在品茶的环境与心境上表现为"普事故雅去虚华，宁静致远隐沉毅"的俭德之行。

单纯将茶当成饮料，大碗海喝，称之为"喝茶"。

|江西修水双井茶园|

如果注重茶的色香味，讲究水质茶具，喝的时候又能细细品味，可称之为"品茶"。如果讲究环境、气氛、音乐、冲泡技巧及人际关系等，则可称之为"茶艺"。而在茶事活动中融入哲理、伦理、道德，通过品茗来修身养性、陶冶情操、品味人生、参禅悟道，达到精神上的享受和人格上的洗礼，这才是中国饮茶的最高境界——茶道。

本书"茶之道"所探讨的，是在制茶技艺、泡茶技法、品茶方法中所要遵从的规则和礼法。

制茶技艺从采茶的时机，制茶的工艺，每一道工艺的火候，都有法度可循，是我们保护和传承的非物质文化遗产。

泡茶技法中，根据茶叶的茶性，选择茶器、选择好水，茶量多寡、水温高低，时间短长，都很有分寸，都有可遵循的规律。

品茶过程中，既可以欣赏茶之形、汤之色，也可以品汤之味、茶之趣，更可以悟茶之意、茶之道。

茶的滋味品尝起来，让人无法不对它心生向往，而茶汤层层展开、细致微妙的魅力，令人对它爱慕有加。正是有了身怀精妙制茶技艺的传承人，才能做出珍品的茶叶；正是有了真心懂茶爱茶的人，才能泡出美妙的茶汤；正是有了真切的体验和倾心的感受，才能体悟茶之德、茶之道。

日本茶道

日本茶道是在中国的

茶文化传入日本后发展出来的，是对中国宋代点茶法的继承和发展，他们把点茶法完整地保存在细腻而独特的茶道文化之中，直到今天。

日本人冈仓天心在他的《茶之书》中，这样描述日本茶道："本质上说，茶道是一种对'残缺'的崇拜，是在我们都明白不可能完美的生命中，为了成就某种可能的完美，所进行的温柔试探。"

日本人从家具摆设到生活习惯，从服饰到饮食，从艺术到文学，无一不受茶道的影响，这种影响深入日本人生活的方方面面和各个阶层。茶道让日本普通的农民也懂得花草的摆设，也是贵妇淑女的典雅风范。甚至在日常用语中，也有茶道的影响。如果有人没有修养，粗鄙无趣，会被说成是"肚中没有茶水"，而我们会用"肚中没有墨水"来形容。

如今的茶道、花道、香道，是令日本人引以为傲的生活美学，承载着他们的生活方式和文化传统。

日本茶道遵循着严苛的礼法，要经过深入的学习和培训。日本茶道的课程十分严谨，讲究扎实的基本功，忠实地追随先行者的足迹，事无巨细地结合生活中的细

| 日本茶道 |

节，一点一滴地循序渐进地慢慢积累。

日本茶道学习一般会经历三个成长阶段：

守——守型，初学者从型开始学起，但是要严格守型，不能有一丝一毫的个人发挥；

破——破型，守住了老师传授的型，视情况随机应变，不能一味固守原型；

离——离型，融入自己的理解，展现自我风格，在传承中创新和发展所学。

这三个境界是循序渐进的，一级高过一级，不能随意跨越。很多学习茶道的人，都要经过数十年，甚至更长时间的学习，才能掌握茶道的真谛。

日本茶道文化传承的成功实践，特别值得我们学习和借鉴。

图书在版编目（ＣＩＰ）数据

茶之道 / 朗媛编著 ；李春园本辑主编. -- 哈尔滨 ：
黑龙江少年儿童出版社，2020.2（2021.8重印）
 （记住乡愁 ：留给孩子们的中国民俗文化 / 刘魁立
主编. 第九辑，传统雅集辑）
 ISBN 978-7-5319-5529-0

Ⅰ. ①茶… Ⅱ. ①朗… ②李… Ⅲ. ①茶文化－中国
－青少年读物 Ⅳ. ①TS971.21-49

中国版本图书馆CIP数据核字(2020)第053000号

记住乡愁——留给孩子们的中国民俗文化　　　　　　刘魁立◎主编
第九辑 传统雅集辑　　　　　　　　　　　　　　　李春园◎本辑主编
茶之道 CHA ZHI DAO　　　　　　　　　　　　　　朗　媛◎编著

出 版 人：商　亮
项目策划：张立新　刘伟波
项目统筹：华　汉
责任编辑：邰　琦
整体设计：文思天纵
责任印制：李　妍　王　刚
出版发行：黑龙江少年儿童出版社
　　　　　（黑龙江省哈尔滨市南岗区宣庆小区8号楼 150090）
网　　址：www.lsbook.com.cn
经　　销：全国新华书店
印　　装：北京一鑫印务有限责任公司
开　　本：787 mm×1092 mm　1/16
印　　张：5
字　　数：50千
书　　号：ISBN 978-7-5319-5529-0
版　　次：2020年2月第1版
印　　次：2021年8月第2次印刷
定　　价：35.00元